幸福绘馆 第2季

我的甜品生活

良卷文化 编著

U0350104

电子工業出版社·
Publishing House of Electronics Industry
北京·BEIJING

图书在版编目（CIP）数据

我的甜品生活 / 良卷文化编著. —北京：电子工业出版社，2013.9
（幸福绘馆）
ISBN 978-7-121-20701-3
Ⅰ．①我… Ⅱ．①良… Ⅲ．①甜食—制作 Ⅳ．①TS972.134
中国版本图书馆CIP数据核字(2013)第130801号

责任编辑：项 红
文字编辑：王 维 于剑侠
印　　刷：北京盛通印刷股份有限公司
装　　订：北京盛通印刷股份有限公司
出版发行：电子工业出版社
　　　　　北京市海淀区万寿路173信箱　　　　邮编　100036
开　　本：880×1230　 1/32　 印张：5.5　　字数：211千字
印　　次：2013年9月第1次印刷
定　　价：35.00元

　　凡所购买电子工业出版社图书有缺损问题，请向购买书店调换。若书店售
缺，请与本社发行部联系，联系及邮购电话：（010）88254888。
　　质量投诉请发邮件至zlts@phei.com.cn，盗版侵权举报请发邮件至dbqq@
phei.com.cn。
　　服务热线：（010）88258888。

戒不掉的甜蜜诱惑

"人生就像一盒巧克力，你永远不知道下一块是什么味道"，阿甘妈妈的这句话，或许恰如其分地解释了甜品的魅力。

对年轻人尤其是女孩子来说，甜品是一种戒不掉的诱惑：无论是暖意融融的春日下午，还是风在耳边跑的凛冽寒冬，当一匙或者一片甜品含在嘴里时，当那种幸福感在唇齿之间荡漾时，你一定会从内心深处感到无比满足吧……

那么，如果自己在家来做甜品会怎么样？这种诱惑会不会加倍扩大？花点心思为自己做一次甜品，除了享受美味之外，可能还会有类似"心灵按摩"的精神上的愉悦吧。

文字作者：潘亮

绘画师：卢舒奕

《我的甜品生活》是一本讲述自制甜品的书籍。本书第1部分为"序曲"，主要讲述自制甜品的基础知识，包括常用工具、材料和基本技能的介绍；后面9个部分则具体讲述了多种甜品的制作方法和注意事项。依照这本书的指导，你就能轻松享受自己的甜品生活和甜蜜时光了！

采用绘本的形式是本书最大的特点。通过这些精心绘制的图画，作者将制作各种甜品的过程进行了细致入微的分解，非常直观实用。另外，即便自己暂时不想制作，翻看这些可爱的图画也是一种休闲和享受。

本书的文字主笔是潘亮，其他文字作者还有王锐、李曦、张琛、孔祥丽、王舒芸、朱玲、王谦、廖陆春、蒋丽莎、杨旭春、张跃媛，图画主笔是卢舒奕，其他图画作者还有王果、张艺。感谢大家的努力，才有了这本美丽的小书！

如果你幸福，甜品会让你的幸福加倍；如果你不开心，甜品会给你贴心的安慰。从现在开始，跟着这本《我的甜品生活》学习自制甜品吧！

目录

序曲

早餐甜品

饭后甜品

下午茶甜品

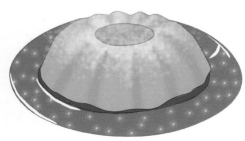

夜宵甜品

适合小孩的甜品

适合老年人的甜品

上班族的小甜品

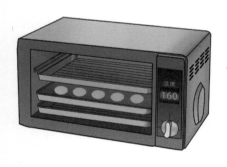

便于携带的甜品

经典甜品

我的甜品生活

序曲

所需材料

1> 面粉

低筋面粉：面粉中蛋白质含量约占7%~9%，常用于制作蛋糕、饼干等。

中筋面粉：面粉中蛋白质含量约占9%~12%，常用于制作中式面食点心、饼皮等。

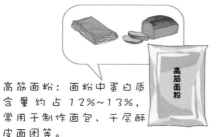

高筋面粉：面粉中蛋白质含量约占12%~13%，常用于制作面包、千层酥皮面团等。

全麦面粉：是由全粒小麦经过磨粉、筛粉等步骤制成的，常用于制作全麦面包、小西饼等。

2> 糖类

焦糖：呈深褐色，可用于调色、增加香味。

糖粉：由细砂糖研磨而成，常用于制作饼干、慕斯蛋糕等，也可用作装饰，如撒在甜点上作为糖霜。

细砂糖：呈白色细颗粒状，是制作糕点时最常用的材料。

蜂蜜：含有人体容易吸收的葡萄糖和果糖，风味独特，可作调味用。

红糖：含有浓郁的糖蜜，可增加口味，适用于制作风味独特或颜色较深的甜品。

3> 淀粉类

玉米淀粉：从玉米粒中提炼而成，常用于制作派馅、布丁馅。

葛粉：口感滑糯，常用于制作凉点。

4> 黄油

我能让甜点更美味！

从牛奶中提炼出的油脂，分为有盐和无盐两种，常用的是无盐黄油。可使甜点的口感柔软，增加乳香味，需冷藏保存。

5> 乳制品

牛奶：可增加甜点的风味和润滑感，常用于制作乳酪蛋糕、甜甜圈、布丁等。

奶油奶酪：是一种未成熟的全脂奶酪，质地细腻，口感微酸，是制作乳酪蛋糕的重要材料。需冷藏保存。

鲜奶油：分为动物性鲜奶油和植物性鲜奶油。前者具有浓郁的乳香味，可使糕点的口感更润滑；后者的营养价值没有动物性鲜奶油高，但更健康。

奶粉

奶粉：在烘焙中常使用的是全脂奶粉，因其奶香味更浓郁。

6> 鸡蛋

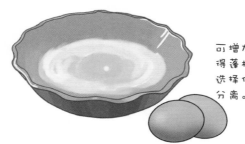

可增加甜点的香味，并使材料变得蓬松柔软。根据目的不同，可选择使用全蛋，或将蛋黄和蛋白分离。

7> 鱼胶

鱼胶片：是一种增稠的添加剂，需用冰水浸泡后再使用。常用于制作慕斯蛋糕等。

鱼胶粉：是提取自鱼鳔、鱼皮，经加工制成的一种蛋白质凝胶，需用冷水浸泡后使用。

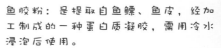

8> 膨松剂

泡打粉：为中性材料，可使糕点膨大，并更为松软。广泛用于制作蛋糕、饼干。应保存于密封的罐内，放置在阴凉干燥处。

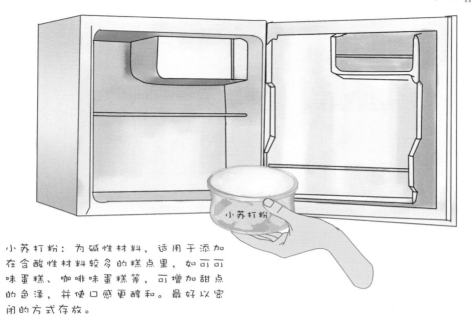

小苏打粉：为碱性材料，适用于添加在含酸性材料较多的糕点里，如可可味蛋糕、咖啡味蛋糕等，可增加甜点的色泽，并使口感更醇和。最好以密闭的方式存放。

- -

9> 调味粉

可可粉：以可可豆磨制而成的粉末。使用前需先混合于溶液里，也可直接撒在甜品上作为装饰。

咖啡粉：使用前要先将其溶于热水中，常用于制作咖啡戚风蛋糕、咖啡果冻等。

香草粉：可增加甜品的口感、香味，但不可添加过多。

绿茶粉：可使甜品具有绿茶的清新风味。

10> 巧克力

以可可豆为主要原料制成的一种固体食品，有块状、颗粒状等，是制作甜品的常用原料。

- -

11> 坚果类

既可增加口感和营养，也可用作装饰材料。常用的有杏仁、核桃仁、开心果、松子、葵花子、南瓜子等。

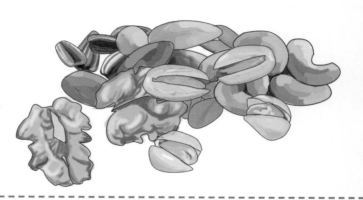

- -

12> 水果蜜饯

常用的有葡萄干、橙皮、杏干、桃干、蔓越莓干等。

13> 香料

可增加甜点的香味，其中香草精是比较常用的。

14> 酒类

可增加甜点的香味，常用的有朗姆酒、白兰地等。

常用器具

1> 称量用具

厨房秤：可方便、精准地称量材料。

量杯：称量液体材料时使用。通常来说200毫升的量杯就够用了。

量勺：称量少量的液体或粉末状材料时使用。分别为5毫升、10毫升、15毫升。

15毫升

10毫升

5毫升

2> 烘焙设备

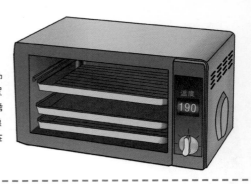

烤箱：是制作甜点不可或缺的工具，应选择内部至少带两层放烤盘架位置的烤箱。由于烤箱越大，出现加热不均的现象就越轻，因此应选用容积在20升以上的烤箱。

3> 搅拌用具

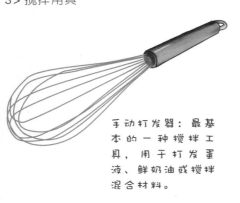

电动打发器：常用来打发蛋白和奶油，省时省力，也可以用于材料的混合搅拌。建议两种打发器都配备。

手动打发器：最基本的一种搅拌工具，用于打发蛋液、鲜奶油或搅拌混合材料。

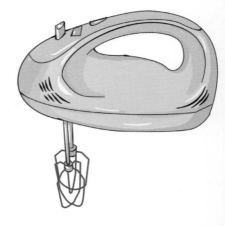

木勺：用于搅拌加热的材料。

调理盆：用于搅拌和烘烤材料。准备好大、中、小不同尺寸的调理盆，最好选用不锈钢制品。

4> 擀制用具

擀面板：尺寸大小可根据需要来决定。

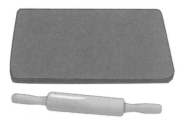

擀面棒：也称擀面杖，用于将面团、面皮压碾得薄而平。

5> 过筛用具

筛网：用于过筛面粉或其他粉类材料，可使粉类材料更加蓬松。最好选用不锈钢材质的细孔筛网，方便清洗。

6> 装饰用具

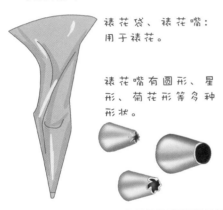

裱花袋、裱花嘴：用于裱花。

裱花嘴有圆形、星形、菊花形等多种形状。

旋转台：是装饰蛋糕用的重要工具，将蛋糕置于转台上，以便于操作。

7> 模具

圆形蛋糕模具：是使用频率最高的蛋糕模具，分为底部可以取下的活底模具和底部不能取下的普通模具。

底部不可取

底部可取

矩形模具：呈长方形的长条状模具，适用于制作重奶油蛋糕、水果蛋糕、吐司面包等。

空心模具：中间有个空孔，适用于制作天使蛋糕。

慕斯圈：有圆环、方形、心形等形状，可根据需要进行选择。

饼干模具：形状多种多样，依个人喜好选择喜欢的形状。

多穴平烤盘：用于制作体积较小的甜点，烘焙时移动方便，受热均匀。

蛋糕纸杯：种类多样，用于制作纸杯蛋糕、布丁蛋糕等体积较小的甜点。

塔模、派盘：规格多样，用于制作派、塔类甜点。

切模：可切出大小不一的面片。以圆形切模最为常见。

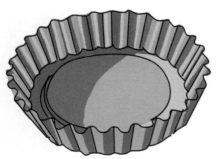

8> 刮切、整平工具

橡皮刮刀：用于翻拌面糊、刮除覆于铜盆表面
的糊状物。

脱模刮刀：多为尼龙等胶质材料。在蛋糕脱模时使用，以保持蛋糕的完整。

切刀：带有锯齿形切口，用于切割蛋糕。

调色刀：通常为不锈钢材质，用于涂平奶油、平整面团等。

9> 涂抹、夹取工具

毛刷：刷蛋液、果酱
的必备工具。应选用
刷毛不易脱落的结实
刷子，并准备几个大
小不一的毛刷。

食品夹：用于
夹取成品。

10> 辅助工具

隔热手套：在拿取烤盘时使用，以防止手被烫伤。

分蛋器：可轻易将蛋白和蛋黄分离。

烤盘垫纸：可使烘培的甜点不粘烤盘。

基本技能

1> 烤箱的使用

在使用烤箱时，一定要预热，这样可使甜点受热均匀，并有利于水分的保持。通常需预热5~10分钟。

2> 量勺的使用

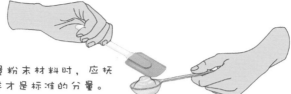

在用量勺称量粉末材料时，应抚平表面，这样才是标准的分量。

3> 裱花袋的使用

首先在裱花袋的一端剪一个口。

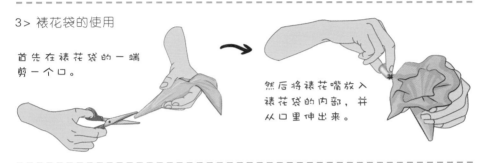

然后将裱花嘴放入裱花袋的内部，并从口里伸出来。

4> 鱼胶片泡水

首先将鱼胶片浸泡在冰水中。

待鱼胶片变得柔软。

捞出，挤干水分后使用。

5> 融化巧克力

首先将巧克力掰碎或切碎，放入不锈钢器皿中。

然后把器皿放入装有适量水的锅内，隔水加热。

当锅内的水沸腾时，立即熄火。

若水长时间沸腾，
会导致巧克力油水
分离。

最后用打发器或橡
皮刮刀不停地搅拌，
直至巧克力完全融
化成糊状。

6> 刨巧克力花

方法一：用一个不锈钢压模
直接将巧克力刨下即可。拿
巧克力的手最好带上胶手套，
这样可防止手的温度融化巧
克力。

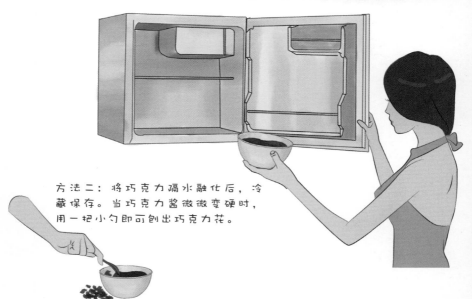

方法二：将巧克力隔水融化后，冷
藏保存。当巧克力酱微微变硬时，
用一把小勺即可刨出巧克力花。

7> 蛋糕脱模

蛋糕脱模时，通常是用脱模刮刀插在蛋糕和模具之间，转动一周，然后取出蛋糕。

对于冰冻的慕斯蛋糕或芝士蛋糕来说，由于需要先放入冰箱冷冻，因此脱模方法有其特殊性。

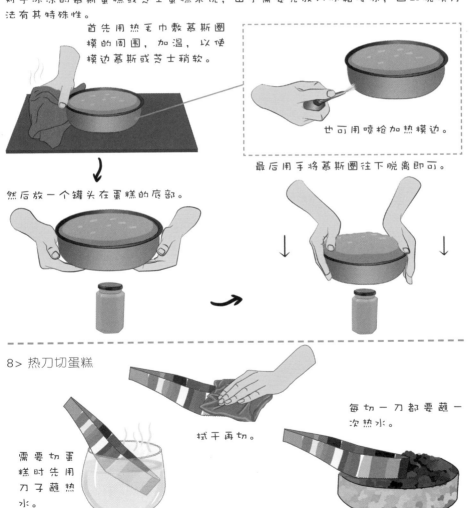

首先用热毛巾敷慕斯圈模的周围，加温，以使模边慕斯或芝士稍软。

也可用喷枪加热模边。

然后放一个罐头在蛋糕的底部。

最后用手将慕斯圈往下脱离即可。

8> 热刀切蛋糕

需要切蛋糕时先用刀子蘸热水。

拭干再切。

每切一刀都要蘸一次热水。

9> 分离鸡蛋的方法

传统法:

先将蛋壳敲出裂痕，拨开蛋壳，让蛋白流入碗中，而蛋黄则留在敲开的蛋壳内。

然后在两个蛋壳之间，将蛋黄来回晃动几下，以便于余下的蛋白流出。

针孔法:

首先用较粗的针在鸡蛋的一端扎一个孔，并用针逐渐扩大针孔。

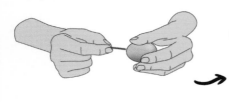

然后将鸡蛋有孔的一端朝下，蛋白会慢慢流出。然后用同样的方法处理鸡蛋的另一端。

最后将鸡蛋敲开，取出完整的蛋黄。

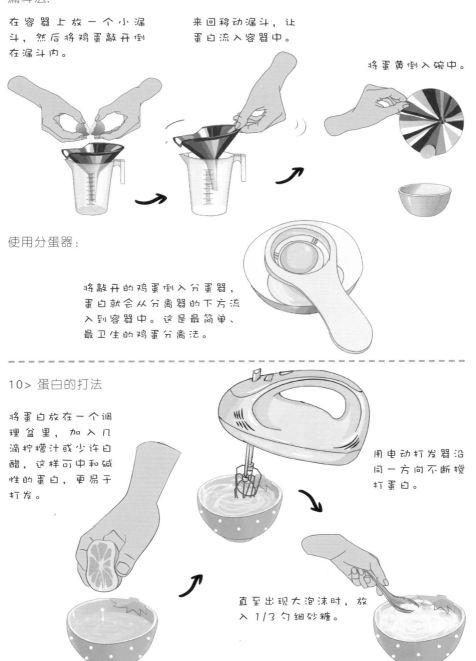

漏斗法：

在容器上放一个小漏斗，然后将鸡蛋敲开倒在漏斗内。

来回移动漏斗，让蛋白流入容器中。

将蛋黄倒入碗中。

使用分蛋器：

将敲开的鸡蛋倒入分蛋器，蛋白就会从分离器的下方流入到容器中。这是最简单、最卫生的鸡蛋分离法。

10> 蛋白的打法

将蛋白放在一个调理盆里，加入几滴柠檬汁或少许白醋，这样可中和碱性的蛋白，更易于打发。

用电动打发器沿同一方向不断搅打蛋白。

直至出现大泡沫时，放入1/3勺细砂糖。

继续搅打，当蛋白呈现出较密的泡沫时，再加入 1/3 勺细砂糖。

再继续搅打，当蛋白呈现出明显的纹路时，放入余下的 1/3 勺细砂糖。

湿性发泡：加完糖后，继续搅打，拿起打发器后，若蛋白的下端呈弯曲状，此时即为湿性发泡。这个状态的蛋白适用于制作慕斯或天使蛋糕。

干性发泡：湿性发泡后，继续搅打，拿起打发器后，若蛋白下端呈坚挺状，此时为干性发泡，适用于制作戚风蛋糕。

糖可使蛋白泡沫更稳定，但不宜一次性加入，否则会延长打发时间。

11> 全蛋的打法

先在锅中放入适量的热水，将装有蛋液的打
蛋盆放入热水中，并用打发器搅打，热水能
使盆中的蛋液变热，更容易打发。

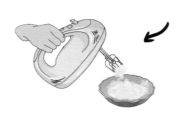

在搅打时，最好一直沿顺时针方
向。随着不断地搅打，蛋液的颜
色会逐渐泛白，并变得浓稠。

最后用打发器撩起蛋糊，当蛋糊
不易流下时，即表明打发完成。

12> 鲜奶油的打法

打发前，需将鲜奶油冷藏 12 个小
时以上。

12
小时

用电动打发器沿同一方向搅打鲜奶油，
渐渐地鲜奶油的体积会膨胀。

当撩起鲜奶油时，会有尖尖的
鲜奶油挂在打发器上，此时的
鲜奶油适合于制作慕斯蛋糕。

继续搅打，当鲜奶油纹路更明显，呈现出固
体状态时，最适合用于制作裱花蛋糕。可向
鲜奶油中插入一根筷子，若筷子能够直立，
则说明打发完成。

13> 黄油的打法

将黄油切成小块。

将切好的黄油放于碗中，在室温下使其慢慢软化。必须软化到用手指轻压黄油，黄油上即出现凹陷的程度。

用电动打发器将软化的黄油打发至体积膨胀后，加入细砂糖和盐，然后继续搅打，直到糖与黄油充分混合。

当黄油糊的颜色淡黄，且光滑细腻时，黄油的打发就完成了。这时若以打发器撩起油糊，油糊不会滴落。

我的甜品生活

早餐甜品

枫糖浆热松饼

● 完成时间：20分钟
● 难度星级：★

所需材料

低筋面粉 100 克

黄油 15 克

鸡蛋 2 个

枫糖浆 30 毫升

盐 1/3 小勺

制作步骤

1 将鸡蛋打入碗中，搅拌均匀。

2 筛入低筋面粉和盐，搅拌至看不到面糊中的颗粒为止。

3 倒入融化后的黄油，拌匀，当面糊呈均匀顺滑状时即可。

5 小火煎焙，待面糊表面起泡时翻面，将
两面都煎熟至略呈黄褐色。

4 将平底不粘锅烧热，舀入一勺面糊倒
入锅内。

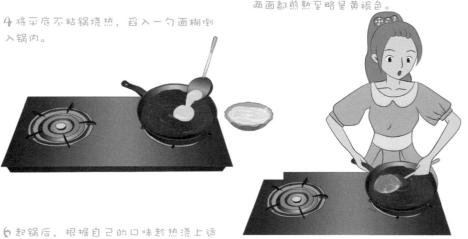

6 起锅后，根据自己的口味趁热浇上适
量枫糖浆即可。

燕麦葡萄甜饼

● 完成时间：50分钟
● 难度星级：★★

所需材料 --

低筋面粉 100 克　　燕麦片 35 克　　肉桂粉 1/8 小勺　　葡萄干 45 克　　泡打粉 1/4 小勺

小苏打粉 1/4 小勺　　色拉油 65 克　　鸡蛋 1 个　　红糖 30 克　　细砂糖 70 克

制作步骤 ---

1 将色拉油倒入碗中，并打入鸡蛋。

2 在碗中倒入细砂糖和红糖，并用手动打发器搅拌均匀，注意不要打起泡。

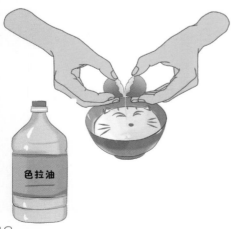 

3 将面粉、燕麦片、葡萄干、泡打粉、小苏打粉、肉桂粉放入另一个碗中，并混合均匀。

4 将面粉、燕麦片等的粉类混合物倒入之前的液体混合物中，用橡皮刮刀拌匀，使其成为面糊。

5 由于面糊较为湿润，因此先沾点干面粉在手上，然后再捏起一块面糊，搓成圆球的形状。

6 将圆球状的面糊压扁，一一摆放在烤盘上。

7 放入预热好的烤箱的中上层，温度设为170℃，烤18分钟左右即可。

33

三明治蛋糕

● 完成时间：80分钟
● 难度星级：★★

低筋面粉60克

黄油60克

泡打粉1/4小勺

果酱适量

鸡蛋1个

制作步骤

1 打发黄油至颜色淡黄、光滑细腻的状态。

2 将鸡蛋打散搅拌好，分3次加入到黄油糊中，每次都要彻底搅打均匀后才可再次加入。

至少要分3次加入鸡蛋液，否则容易蛋油分离。

当鸡蛋液和黄油彻底融合后，应为轻盈、均匀、细腻的糊状物。

34

3 将低筋面粉和泡打粉混合后过筛，然后倒入到黄油和鸡蛋液的混合物中，搅拌均匀。

4 将蛋糕糊倒入蛋糕圆模中，稍微抹平。

5 放入预热好的烤箱的中层，温度设为 160℃，烤 20 分钟左右。

6 烤好后取出，切成大小相同的三角形块。每两片在中间涂抹上果酱，然后夹起来，三明治蛋糕就完成了。

真是美味呀！

意式坚果饼干

● 完成时间：1 小时 10 分钟
● 难度星级：★★

低筋面粉 200 克　　高筋面粉适量　　细砂糖 125 克　　鸡蛋 75 克

盐少许　　　　开心果 30 克　　杏仁 70 克　　榛子 30 克

制作步骤

1 将杏仁、开心果、榛子放入烤箱中，温度设定为 170℃，烤 8~10 分钟。

8~10 分钟

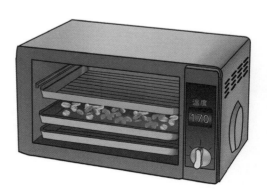

温度 170

2 将鸡蛋液倒入调理盆中，再放入细砂糖和盐拌匀。

3 筛入低筋面粉和高筋面粉拌匀。

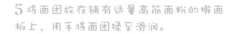

4 在调理盆中倒入杏仁、开心果、榛子。

5 将面团放在铺有适量高筋面粉的擀面板上，用手将面团揉至滑润。

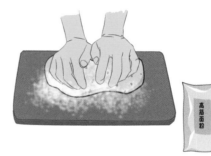

6 将面团分成两等份，擀成约 2 厘米厚的椭圆形面饼。

7 将面饼放在铺了垫纸的烤盘上，放入预热好的烤箱的中层，温度设为170℃，烤 25 分钟左右。

25 分钟

8 烤好后取出，趁热用刀将其斜向切成宽约 1.5 厘米的饼干片。

饼干冷却后会变硬，那时就不好切了。

9 将饼干片摆放在烤盘里，放入烤箱中，温度设为 150℃，再烤 20 分钟左右即可。

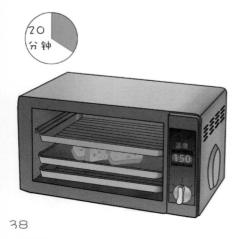

10 出炉冷却后，可将其浸泡在咖啡中享用，别有一番滋味。

椰丝球

- 完成时间：40分钟
- 难度星级：★

所需材料

低筋面粉 20 克　　白砂糖 50 克　　鸡蛋 1 个　　奶粉 20 克　　椰丝 90 克

制作步骤

1 将鸡蛋敲开倒入碗中，用打发器搅拌成蛋液。

2 将低筋面粉、奶粉、白砂糖和 80 克椰丝混合在一起，用橡皮刮刀拌匀。

3 在面粉混合物中倒入鸡蛋液，用打发器拌匀。

4 用手将混合物揉成均匀的面团。

39

5 将面团分成若干个小面团，再揉成小圆球。

6 将小球放进 10 克椰丝里翻滚一下，让其表面沾上椰丝。

7 将小球放在铺了垫纸的烤盘上。烤盘上的椰丝球大小应尽量保持一致。

大小一致有利于受热均匀。

20~25
分钟

8 放入预热好的烤箱，设为 150℃，中层，烤 20~25 分钟。

我的甜品生活

饭后甜品

香酥红豆卷

● 完成时间：70分钟
● 难度星级：★★

所需材料

低筋面粉150克　黄油80克　鸡蛋液20克　糖粉20克　红豆沙适量　白芝麻适量

制作步骤

1 黄油在室温下软化后，倒入糖粉并搅拌均匀。

2 倒入低筋面粉，用手揉搓均匀。

3 加入鸡蛋液并揉搓均匀。

4 将面团放入冰箱中冷藏约30分钟，待面团变得较硬时取出。

5 取一些面团，用擀面杖擀成长条状的面片。

6 在面片中间放入适量的红豆沙。

7 用面片将红豆沙包裹起来，并切成长度相等的小段。

8 在每一个小段的表面刷一层鸡蛋液，再撒一些白芝麻。

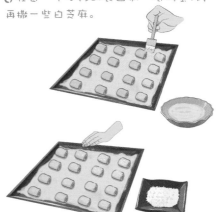

9 放入预热好的烤箱的中层，温度设为180℃，烤 20~25 分钟，待红豆卷表面呈金黄色时即可。

巧克力夹心饼

● 完成时间：1 小时 20 分钟
● 难度星级：★★

-- 所需材料

低筋面粉

| 低筋面粉 70 克 | 蛋白 40 克 | 糖粉 80 克 | 黄油 120 克 | 巧克力 100 克 |

制作步骤 --

1 将 100 克黄油在室温下软化后，加入糖粉拌匀。

2 倒入蛋白拌匀，直至呈现浓稠状。

分 3 次加

3 将面粉筛入搅拌好的黄油糊中，并继续搅拌均匀。

4 将面糊装入中号圆孔裱花袋，在铺了垫纸的烤盘上挤出圆形的面糊。由于在烘烤的过程中面糊会摊开，因此挤出的面糊之间应留出一定间隔。

面糊之间的间隔一定要多留一点哦！

5 放入预热好的烤箱的上层，温度设为160℃，烤15分钟左右。

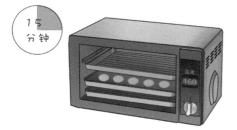

15 分钟

6 饼干烤好后，趁热用圆形切模将饼干切成圆形。

7 将巧克力和剩下的20克黄油切成小块，放入碗中，进行隔水加热。在加热的同时要不断搅拌，直至完全融化。

不断搅拌

8 将融化了的巧克力和黄油倒入铺有烤盘纸的烤盆之中。

9 用橡皮刮刀稍微抹平烤盘中的巧克力。

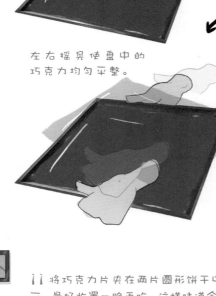

左右摇晃使盘中的巧克力均匀平整。

10 待巧克力凝固后，用同样大小的圆形切模将巧克力切成一块块的巧克力片。

11 将巧克力片夹在两片圆形饼干中间即可。最好放置一晚再吃，这样味道会更好。

甜甜圈

- 完成时间: 1 小时 30 分钟
- 难度星级: ★ ★

低筋面粉 250 克

色拉油适量

糖粉 80 克

细砂糖 75 克

鸡蛋 1 个

牛奶 75 毫升

香草精数滴

黄油 36 克

制作步骤

---

1 黄油切小块, 在室温下软化后, 搅打至滑润、体积膨胀。

2 分 3 次加入细砂糖, 每次都要在搅匀后再加入。

3 分 3 次加入搅拌好的鸡蛋液，每次都   4 分 2 次加入牛奶，每次都要拌匀。
要搅拌均匀。

5 加入香草精并搅拌均匀。

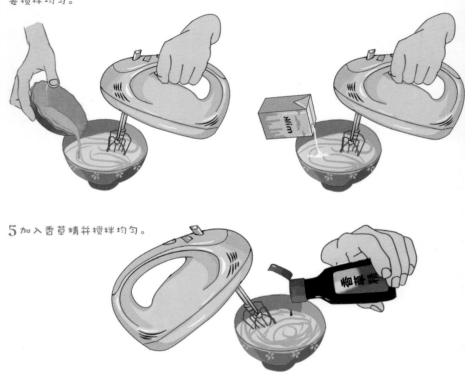

6 筛入低筋面粉，并用橡皮刮刀搅拌成面团。

7 将面团放在撒了一些低筋面粉的擀面板上，擀成厚度约 1 厘米的面片。

厚度 1 厘米。

8 用模具在面团上切出甜甜圈的形状。

9 锅中倒入色拉油加热后，放入甜甜圈。

油炸时注意翻面。

当面团两面都呈现出金黄色后，将其捞出。

10 放一些糖粉在盘中，将甜甜圈放在里面翻动，使糖粉沾在甜甜圈上。

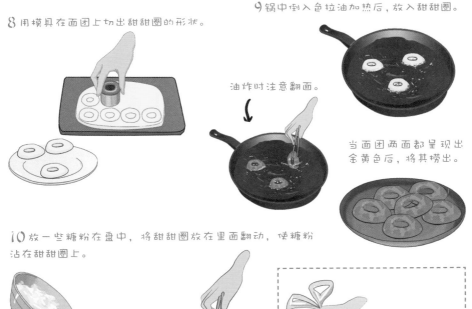

也可将糖粉和甜甜圈放在一个塑料袋中，封住袋口并轻轻摇动，使甜甜圈沾上糖粉。

雪球

- 完成时间：1 小时 10 分钟
- 难度星级：★★

低筋面粉 120 克　　　细砂糖 25 克　　　　泡打粉 30 克　　　　黄油 90 克

腰果 20 克　　　　核桃仁 50 克　　　　糖粉适量　　　　盐 1 小勺

制作步骤

1 将核桃仁和腰果切成较大的碎块。

2 将黄油隔水融化后，往里面加入细砂糖、盐，以及切好的核桃仁和腰果，搅拌均匀。

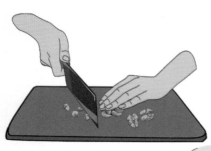

3 取调理盆筛入低筋面粉和泡打粉的混合物拌匀。

4 用手将调理盆中的面团揉成一团，用保鲜膜包好后，放入冰箱内约30分钟。

30分钟

5 取出面团后，搓成若干个小球。

6 将小球放在烤盘上，置于预热好的烤箱的中层，温度设为170℃，烤20~25分钟。

20~25分钟

7 出炉后，稍放凉，将面粉球放入铺有糖粉的盘中，转动使其沾满糖粉。

凤梨酥

- 完成时间: 3 小时
- 难度星级: ★★★★

黄油 30 克　　菠萝 500 克　　盐 2.5 克　　鸡蛋液 30 克　　糖粉 50 克

奶粉 25 克　低筋面粉 80 克　猪油 30 克　冬瓜 500 克　细砂糖 50 克　　冰糖 50 克

制作步骤

1 菠萝去皮，先用淡盐水浸泡 30 分钟后，再沥出切成小块；冬瓜去皮去子，切成小块。

2 将菠萝块、冬瓜块、细砂糖、冰糖倒入锅中，混合均匀，静置约 30 分钟。

3 加入水，水量与果肉齐平即可，然后用大火煮。

4 煮沸后转小火，煮至冬瓜烂熟。

5 将锅中的果肉倒入搅拌机中打成泥状，再倒回锅中用小火翻炒。

6 将果料炒至金黄色，盛出备用。

7 黄油和猪油在室温下软化后，分3次倒入糖粉，打发至体积瞻大、颜色变淡。

8 倒入鸡蛋液，拌匀至没有干粉的状态。

9 将低筋面粉和奶粉混合后筛入黄油鸡蛋糊中，并搅拌均匀，呈面团状。

10 将盆中的面团揉搓成若干个小圆球。

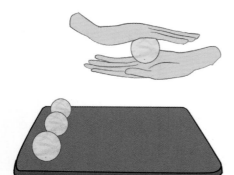

11 将小球压扁，包上凤梨馅。面团和馅料按照 3:2 的比
例配备。

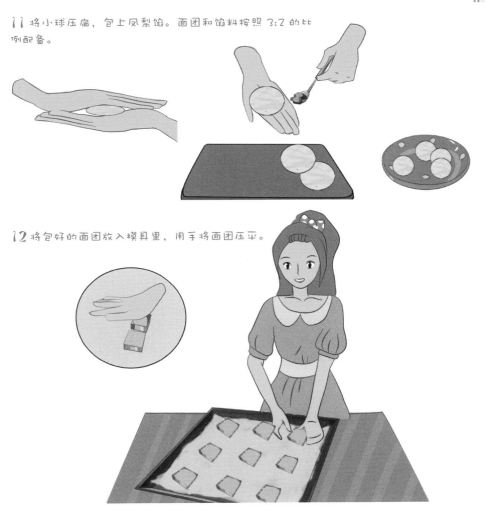

12 将包好的面团放入模具里，用手将面团压平。

13 放入预热好的烤箱的中层，温度设为
175℃，烤 15 分钟左右。

15
分钟

14 将取出的烤盘用另一个烤盘盖上。

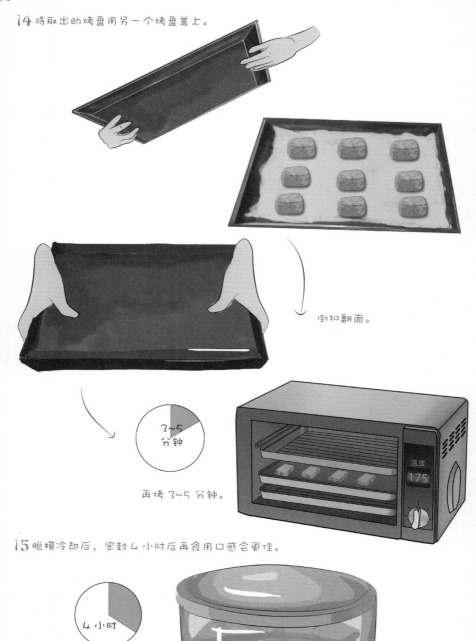

倒扣翻面。

3~5
分钟

再烤 3~5 分钟。

温度
175

15 脱模冷却后，密封 4 小时后再食用口感会更佳。

4 小时

樱桃克拉夫蒂

● 完成时间：4 小时
● 难度星级：★

低筋面粉 150 克

鸡蛋 2 个

杏仁粉 50 克

樱桃酒 1 大勺

蛋黄 2 个

细砂糖 50 克

鲜奶油 100 毫升

盐少许

牛奶 150 毫升

樱桃适量

制作步骤

1 将鸡蛋、蛋黄倒入碗中，加细砂糖搅拌拌均匀。

2 筛入低筋面粉和杏仁粉，再加入盐搅拌匀。

3 加入鲜奶油、牛奶和樱桃酒拌匀。

> 若将拌好的面糊冷藏过夜，口感会更细腻。

4 将樱桃洗净去核。

将樱桃铺在模具底部。

6 将模具放入预热好的烤箱的中层，温度设为190℃，烤20分钟左右。

5 将蛋奶液倒入模具中。

我的甜品生活
下午茶甜品

布朗尼蛋糕

● 完成时间：4小时
● 难度星级：★

-- 所需材料

低筋面粉 150 克　核桃仁 35 克　鸡蛋 2 个　细砂糖 80 克　黄油 80 克　黑巧克力 75 克

制作步骤 --

1 将核桃仁切碎待用，不宜切得过碎。

2 取 80 克黄油在室温下软化后，用打发器拌匀。

3 取 75 克隔水融化的黑巧克力，倒入黄油糊中拌匀。

4 将鸡蛋打入碗中，用筷子打散拌匀。

60

5 在黄油、巧克力混合物中分3次加入鸡蛋液，每次都要拌匀后再加入。

6 往装有黄油等混合物的盆中加入细砂糖，拌匀。

7 筛入低筋面粉，再将切碎的核桃仁倒入，用橡皮刮刀翻拌均匀。

低筋面粉

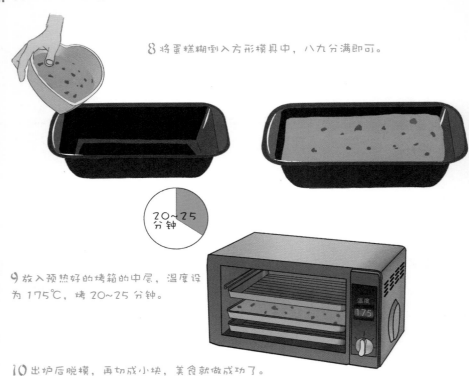

8 将蛋糕糊倒入方形模具中，八九分满即可。

20~25
分钟

9 放入预热好的烤箱的中层，温度设为 175℃，烤 20~25 分钟。

10 出炉后脱模，再切成小块，美食就做成功了。

熔岩巧克力蛋糕

● 完成时间：35 分钟
● 难度星级：★★

低筋面粉 40 克　细砂糖 40 克　朗姆酒 1 大勺　黑巧克力 140 克　黄油 11 克　鸡蛋 2 个

制作步骤

1 将黑巧克力掰成小块，放入装有黄油的碗中。

2 隔水加热，边加热边搅拌至完全融化，凉至微热的程度。

3 鸡蛋打散，加入细砂糖，打发至略呈浓稠状。

4 将打好的鸡蛋倒入巧克力和黄油的混合物中。

63

5 加入朗姆酒，用打发器拌匀。

6 筛入低筋面粉，用橡皮刮刀翻拌均匀。

8 放入预热好的烤箱的中层，温度设为220℃，烤8~10分钟。

若烤的时间过长，则蛋糕内部会凝固，吃的时候就看不到"熔岩"流出来了。

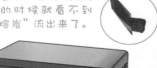

7 将蛋糕糊倒入蛋糕纸杯中，只需七分满。

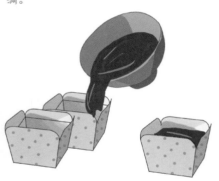

9 出炉后撕去纸杯趁热食用。

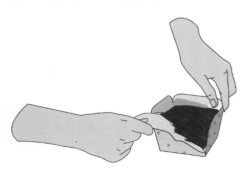

蔓越莓司康

● 完成时间：1 小时 10 分钟
● 难度星级：★★

黄油 40 克

泡打粉 6 克

糖粉 25 克

牛奶 60 毫升

低筋面粉 150 克

盐 1/4 小勺

全蛋液 25 毫升

蔓越莓干 50 克

制作步骤

1 将低筋面粉、泡打粉、糖粉、盐混合后，筛入调理盆中。

2 将软化后的黄油倒入调理盆中，用手揉搓均匀。

3 加入蛋液、牛奶、蔓越莓干，揉成均匀的面团。

4 给面团包上保鲜膜，放入冰箱冷藏30分钟左右，以使面团松弛。

30分钟

5 取出面团后，擀成约1.5厘米厚的面片。

6 用花形切模在面片上切出花形。剩余的面片可重新揉合后擀开再切，直至将面团用完。

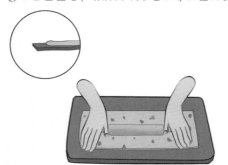

7 将切好的面片排入铺了垫纸的烤盘上，用毛刷在面片表面刷一层全蛋液。

15
分钟

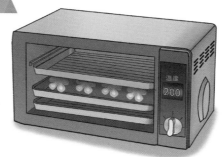

8 放入预热好的烤箱的中层，温度设为 200℃，烤 15 分钟左右。

9 可在饼上涂抹上果酱或者奶酪后食用。

红茶磅蛋糕

● 完成时间：1 小时 20 分钟
● 难度星级：★★

黄油 50 克

鸡蛋 1 个

泡打粉 1/4 小勺

细砂糖 40 克

香草精少许

朗姆酒 1 小勺

红茶茶叶 1 大勺

低筋面粉 60 克

制作步骤

1 将红茶茶叶打磨成粉。

2 调理盆中放入黄油，待黄油在室温下
软化后，用打发器将其打发至颜色发白、
体积膨胀。

3 分了次加入细砂糖，每次都要拌匀后
再加入。

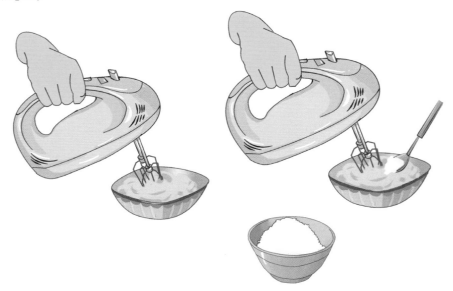

4 将鸡蛋打入碗中打散后，
倒入调理盆中搅拌均匀。

5 在调理盆中加入
香草精和朗姆酒，
并搅拌均匀。

6 将低筋面粉和泡打粉混合后，筛入黄油鸡蛋糊中。

低筋面粉

泡打粉

7 加入红茶粉，用橡皮刮刀翻拌均匀，
直至看不到面粉为止。

9 放入预热好的烤箱的中层，温度设为 180℃，烤 40~50 分钟。

8 将面糊倒入矩形模具中。

10 烤好后切片，即可食用。

蛋奶酥

- 完成时间：50分钟
- 难度星级：★★★

所需材料

蛋黄 2 个

糖粉少许

牛奶 250 毫升

黄油少许

细砂糖 60 克

低筋面粉 40 克

朗姆酒 20 毫升

制作步骤

1 将蛋黄和 60 克细砂糖倒入不锈钢盆中并拌匀，打发至颜色发白。

2 牛奶用小火加热至稍微冒着热气的状态时熄火。

3 将热牛奶分 2~3 次加入到蛋黄糊中,每次都要拌匀后再加入。

4 在蛋黄牛奶糊中筛入低筋面粉并拌匀。

5 将不锈钢盆置于灶上,用小火煮至呈凝胶状。

6 关火后待面粉糊稍凉,加入朗姆酒搅拌均匀。

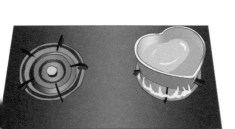

7 用毛刷在模具的内壁上刷上少许黄油，倒入
　蛋糕糊，约七分满即可。

8 放入预热好的烤箱的中层或下层，温
　度设为180℃，烤15～20分钟。

15~20
分钟

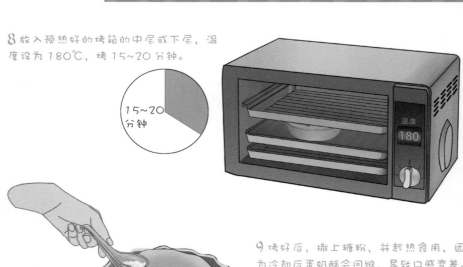

9 烤好后，撒上糖粉，并趁热食用，因
　为冷却后蛋奶酥会回缩，导致口感变差。

糖粉

大理石蛋糕

● 完成时间：1 小时 10 分钟
● 难度星级：★★

低筋面粉 80 克　鸡蛋 2 个　细砂糖 90 克　泡打粉 1/2 小勺　朗姆酒 1 小勺

可可粉 10 克　冷水 20 克　色拉油 40 克　牛奶 20 克　香草精 1/4 小勺

制作步骤

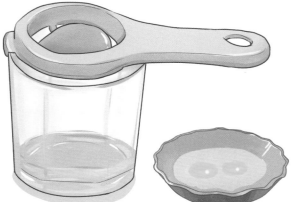

1 将鸡蛋分离为蛋黄和蛋白。

2 将蛋黄倒入调理盆中，再加入 50 克细砂糖，搅打至颜色变浅。

3 加入色拉油、牛奶、香草精和朗姆酒，
搅拌均匀。

4 筛入低筋面粉和泡打粉并拌匀。

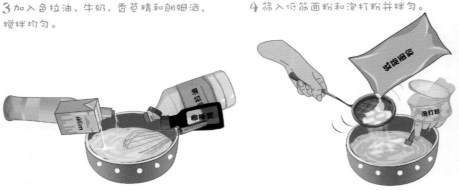

5 蛋白加细砂糖搅打至出现大泡沫时，分 2~3 次加入 40 克细砂糖，搅打至湿性
发泡（具体方法见基础篇）。

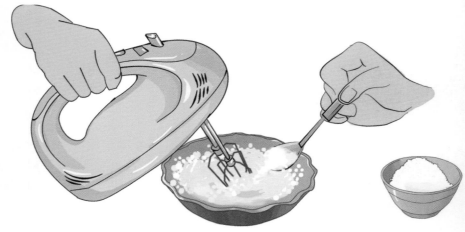

加入细砂糖后搅打
至湿性发泡。

6 分3次将打发好的蛋白糊加入面糊中，
每次都要翻拌均匀再加入。

7 将可可粉和冷水调匀后，加入1大勺
蛋白面糊，拌匀成可可糊。

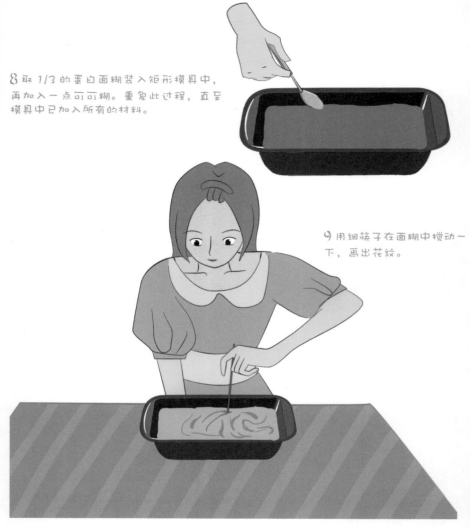

8 取 1/3 的蛋白面糊装入矩形模具中，再加入一点可可糊。重复此过程，直至模具中已加入所有的材料。

9 用细筷子在面糊中搅动一下，画出花纹。

10 放入预热好的烤箱的中层，温度设为 160℃，烤 40 分钟左右。

40 分钟

我的甜品生活
夜宵甜品

桂花牛奶冻

- 完成时间：1小时10分钟
- 难度星级：★★

所需材料

牛奶500克　　炼乳15克　　桂花少许　　玉米淀粉30克　　蜂蜜适量

制作步骤

1 将牛奶倒入牛奶锅内，加入玉米淀粉、炼乳，搅拌均匀。

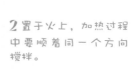

2 置于火上，加热过程中要顺着同一个方向搅拌。

3 待牛奶糊煮至稍微浓稠后，熄火。

4 将牛奶糊倒入模具中。

5 凉后放入冰箱冷藏 2 小时左右。

2 小时

6 从冰箱里取出，脱模后淋上蜂蜜，再撒上桂花即可。

麦香核桃香蕉蛋糕

- 完成时间：1 小时
- 难度星级：★★

低筋面粉 130 克　全麦面粉 35 克　鸡蛋 1 个　小苏打粉 1.5 克　黄油 110 克

熟香蕉 3 根　盐 1.5 克　泡打粉 2.5 克　细砂糖 75 克　核桃仁适量

制作步骤

1 黄油在室温下软化后，放入细砂糖和盐，稍微打发待用。

82

放入细砂糖和盐打发。

2 将鸡蛋打入碗中调散，将鸡蛋液分 2~3次加入，每次都要拌匀后再继续加入，直至打成蓬松、细腻的黄油蛋糊。

3 将低筋面粉、全麦面粉、泡打粉、小苏打粉混合后过筛。

4 倒入过筛后的面粉混合物，轻轻搅拌均匀。

5 香蕉去皮后切片，用勺子碾成泥状。

6 将香蕉泥倒入面糊中,慢慢拌匀,不可过度搅拌。

7 用勺子将面糊舀入蛋糕纸杯至七分满。

8 将核桃仁切碎撒在面糊上。

9 放入预热好的烤箱的中层,温度设为170℃,烤20~25分钟即可。

20~25分钟

杏仁瓦片酥

● 完成时间：30分钟
● 难度星级：★

低筋面粉60克　蛋白50克　　黄油50克　　糖粉60克　　杏仁片适量

制作步骤

1 黄油在室温下软化后，加入糖粉用打发器慢慢搅拌即可，不需打发。

2 倒入蛋白后搅拌均匀。

3 倒入过筛后的低筋面粉，用橡皮刮刀拌匀。

4 将杏仁片倒入面糊中，轻轻拌匀即可。

5 用勺子把面糊舀到铺了垫纸的烤盘上，面糊之间要有一定距离。

6 用叉子把粘在一起的杏仁片分开平铺，每个面糊都要摊平摊薄。

7 将烤盘放入预热好的烤箱的中层，温度设为 180℃，烤 7 分钟左右。一旦看到瓦片酥呈金黄色，就要立刻取出来，否则可能烤糊。

7 分钟

天使蛋糕

● 完成时间: 50分钟
● 难度星级: ★★

低筋面粉50克

蛋白160克

朗姆酒5毫升

盐1克

糖粉100克

玉米淀粉10克

制作步骤

1 将蛋白打发至湿性发泡（具体方法见基础篇）。

2 加入盐和朗姆酒，搅拌均匀。

3 将低筋面粉和玉米淀粉混合过筛后，加入到蛋白中。

4 用橡皮刮刀拌匀。

注意应从底部向上翻拌，而不是划圈搅拌。

5 当蛋白面糊呈浓稠、细腻状时就停止搅拌。

6 将蛋白面糊舀进空心模中，抹平，然后拿起蛋糕模左右轻轻摇晃，以便让蛋白糊和模具紧密结合。

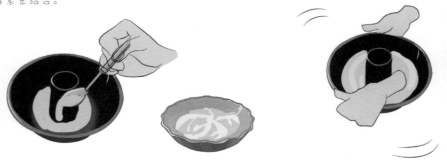

7 放入预热好的烤箱的中层或下层，温度设为 180℃，烤 20 分钟左右。

8 烤好后取出，待凉后脱模。食用前要均匀地撒上糖粉。

我的甜品生活

适合小孩的甜品

手指饼干

- 完成时间：40分钟
- 难度星级：★★

- -

低筋面粉50克　　　香草精少许　　　玉米淀粉20克　　　鸡蛋3个　　　细砂糖80克

制作步骤 -

1 将3个鸡蛋的蛋黄
和蛋白分离。

2 在蛋黄中加入30克细砂糖，搅打至呈淡黄色。

3 在碗中滴入数滴香草精。

4 将蛋白用打发器打发，其间分 3 次加入共 50 克的细砂糖，打发至干性发泡为止（具体方法见基础篇）。

5 将蛋黄液倒入蛋白碗中，搅拌成蛋糊。

6 将低筋面粉和玉米淀粉混合后，筛入到蛋糊中，再用橡皮刮刀搅拌均匀。

7 将面糊装入中号圆孔裱花袋，在铺了
垫纸的烤盘上挤出呈条状的面糊。

8 放入预热好的烤箱的中层，温度设为
190℃，烤8~10分钟，至表面颜色呈
微金黄色即可。

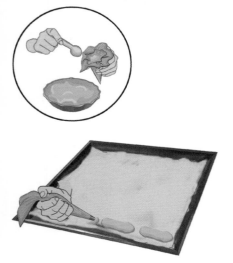

8~10
分钟

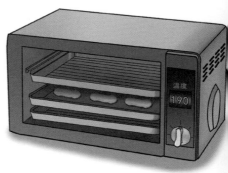

9 手指饼干的吸水性很强，易受潮，因此需密封保存。

密封

娃娃饼干

- 完成时间：60分钟
- 难度星级：★★

所需材料

低筋面粉 11 克　糖粉 40 克　鸡蛋液 25 克　盐少许　黄油 50 克　巧克力 50 克

制作步骤

1 先将黄油在室温下软化后，再加入糖粉和盐。

2 用打发器将黄油糊搅打至均匀顺滑状即可，不需打发。

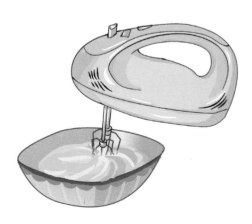

3 分3次加入打散的鸡蛋液，每次都要
充分拌匀后再继续加入。

4 倒入低筋面粉，用打发器
拌匀。

分3次加入

用打发器充分拌匀。

5 用手将盆中的材料揉成光滑的面团。

6 将面团擀成厚约0.3厘米的面片。

0.3厘米

7 用直径 5 厘米的圆形切模将面片切成一个个圆形。

8 将圆形面片摆放在铺了垫纸的烤盘上。

9 放入预热好的烤箱中层，温度设为 190℃，烤 15~20 分钟，至饼干呈微金黄色即可。

15~20 分钟

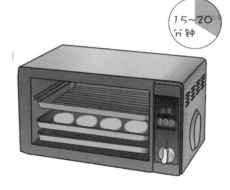

10 将巧克力隔水融化（隔水融化详见基础篇）。

11 待饼干冷却后，将其在巧克力酱中蘸一下，然后转个方向再蘸一下，这样就做好娃娃的头发了。

12 将蘸好巧克力酱的所有的饼干都放在烤网上。

13 将剩余的巧克力酱装入裱花袋，用剪刀在裱花袋的前端剪一个很小的口。

将剩余的巧克力酱装入裱花袋。

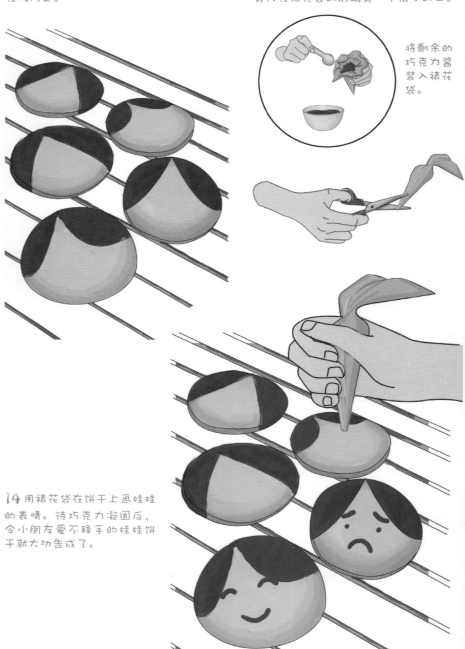

14 用裱花袋在饼干上画娃娃的表情。待巧克力凝固后，令小朋友爱不释手的娃娃饼干就大功告成了。

贝壳蛋糕

- 完成时间：60分钟
- 难度星级：★★

低筋面粉 100 克

黄油 100 克

细砂糖 80 克

蜂蜜 1 大勺

鸡蛋 2 个

泡打粉 1/2 小勺

半个柠檬的柠檬皮碎

制作步骤

1 将打散的鸡蛋、细砂糖、蜂蜜和柠檬皮碎放入盆中，用打发器搅拌均匀。

2 筛入低筋面粉和泡打粉的混合物，并
用橡皮刮刀搅拌均匀。

3 倒入融化后的黄油，
搅拌均匀。

4 在盆上覆盖一层保鲜膜，放入冰箱内冷却约 30 分钟。

30
分钟

5 将面糊舀至贝壳状模具中，约
八分满即可。

6 端起模具，将底部在桌子上轻轻磕几下，使面糊和模具紧密结合。

7 放入预热好的烤箱的中层，温度设为180℃，烤12~15分钟。

12~15
分钟

法式焦糖炖蛋

● 完成时间：1 小时 20 分钟
● 难度星级：★ ★

牛奶 50 克　　　香草精 4 滴　　　蛋黄 2 个　　　细砂糖 55 克

制作步骤

1 在蛋黄中加入 40 克细砂糖，搅打至发白为止。

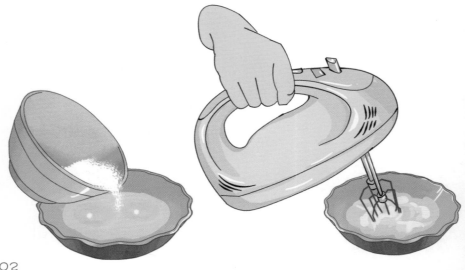

2 将牛奶倒入蛋黄中，再滴入 4 滴香草精，搅拌均匀。

3 将蛋黄糊舀入两个圆形的小模具中。

4 将模具放入烤盘，然后在烤盘中加入冷水，水量约为烤盘的 1/2 高。

5 将烤盘放入预热好的烤箱的中层，
温度设为 140℃，烤 1 小时左右，
至炖蛋表面结皮即可。

6 出炉后，待其冷却，
再放入冰箱冷藏。

7 享用前，在炖蛋表面撒
一层细砂糖。

将炖蛋放入烤箱上
层哦。

8 放入预热好的烤箱的上层，
以最高温度烤 5 分钟左右，
至炖蛋表面的细砂糖变为焦
糖为止。

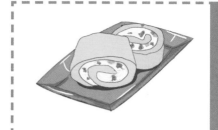

水果夹心蛋糕卷

● 完成时间：1 小时 30 分钟
● 难度星级：★★★

低筋面粉 75 克

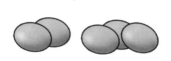

鸡蛋 5 个

热牛奶 45 毫升

细砂糖 102 克

鲜奶油 200 毫升

草莓、猕猴桃、黄桃适量

制作步骤

1 将鸡蛋打入碗中制成蛋液，将蛋液倒入调理盆中，加入 90 克细砂糖，筛入低筋面粉，并用橡皮刮刀拌匀。

2 沿着橡皮刮刀倒入煮沸的牛奶，并拌匀。

3 烤盘上垫上一层油纸，倒入蛋糕糊。

4 抚平蛋糕糊的表面，并轻轻振动几下烤盘，以排出蛋糕糊中多余的空气。

呼！呼！！

15 分钟

5 放入预热好的烤箱的中层，温度设为190℃，烤15分钟左右。

6 烤好后，将蛋糕片连同油纸一起取出，放在冷却架上凉 1~2 分钟。

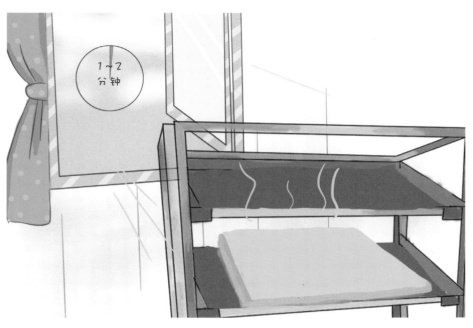

7 将蛋糕片倒扣在擀面板上，慢慢撕下油纸。

8 在鲜奶油中加入 12 克细砂糖，打发鲜奶油呈黏稠、顺滑状，达到撩起时基本不会滴落的程度。

9 将蛋糕片的一面均匀地涂抹上一层鲜奶油，蛋糕片的四周可不用涂或少涂。

10 将猕猴桃、草莓和黄桃洗净切丁，洒在奶油上。

11 将蛋糕片卷成卷，再用油纸将蛋糕卷包裹住，放入冰箱冷藏 30 分钟使其定型。

30
分钟

12 取出后，剥去油纸，切片即可食用。

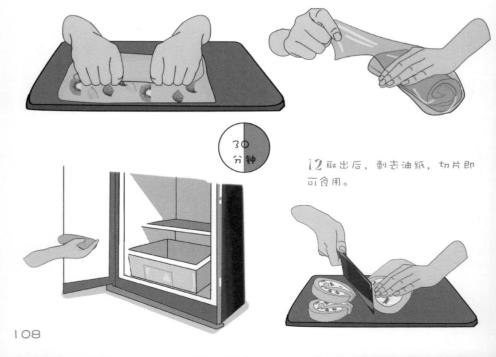

我的甜品生活

适合老年人的甜品

蜂蜜蛋糕

● 完成时间：40分钟
● 难度星级：★★

低筋面粉 100 克   白醋 2 克   色拉油 30 克

蜂蜜 50 克   鸡蛋 4 个   细砂糖 60 克

制作步骤

1 将鸡蛋打入碗中，
加入细砂糖、白醋。

2 将碗放入装有 40℃热水的锅中，再用电动打发器搅打鸡蛋液，因为在高温的环境下
鸡蛋液更容易打发。

3 待鸡蛋液的体积变为原来的 2 倍大时，
慢慢加入色拉油，并搅拌均匀。

4 再分两次筛入低筋面粉，每次筛入后
都要拌匀。

5 用橡皮刮刀将面粉和鸡蛋液拌匀，
应采取从底部向上翻拌的形式。

6 加入蜂蜜
后拌匀，这
样蛋糕糊就
做好了。

7 将蛋糕糊装入圆形的纸杯中，约八分满即可。

8 放入预热好的烤箱的中层，温度设为 180℃，烤15分钟左右，待蛋糕表面呈金黄色即可。

双皮奶

- 完成时间：45分钟
- 难度星级：★★

牛奶500毫升

细砂糖20克

3个鸡蛋的蛋白

煮熟的蜜豆、莲子适量

制作步骤

1 将牛奶倒入锅中，用中小火加热至快要沸腾时关火。

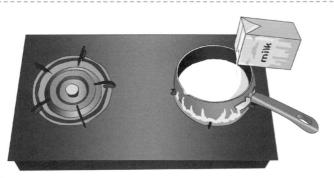

2 将牛奶倒入碗中静置，直到牛奶表面形成一层奶皮。

3 将碗里的牛奶慢慢倒回盆中，倒完后，奶皮留在碗底。

4 在牛奶中加入细砂糖之后搅拌均匀。

5 将蛋白打散，搅拌均匀。

6 将打散的蛋白滤进牛奶中，以便将气泡过滤掉。

7 拌匀蛋白和牛奶后，将其透过筛网，慢慢倒回留有奶皮的碗中，奶皮自己会慢慢浮到表面。

8 将碗包上保鲜膜。

9 放入蒸锅内，用小火蒸 10~15 分钟，待蛋凝结后关火。蒸好后再焖几分钟即可。

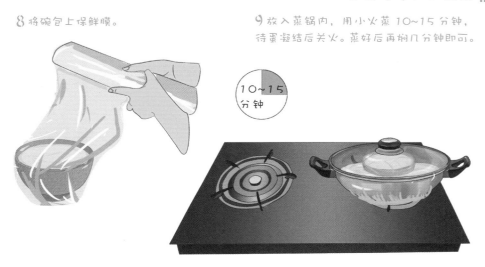

10 取出后可依个人口味加入适量蜜豆、莲子等。

黑芝麻蛋卷

- 完成时间：40分钟
- 难度星级：★★

黄油100克　　低筋面粉120克　　黑芝麻适量　　　细砂糖90克　　　　　鸡蛋3个

制作步骤

1 黄油切小块放于碗中，再放入装有热水的锅中隔水融化。

2 鸡蛋打成蛋液，将细砂糖加入蛋液中并搅拌均匀。

3 将鸡蛋液分3次加入黄油中，每次都要拌匀后再继续加入。

4 倒入过筛后的低筋面粉，搅拌均匀。

5 在面糊中加入黑芝麻，轻轻拌匀。

6 将蛋卷模两面都用小火预热一下，再用勺子舀一小勺面糊放到
蛋卷模中间。每次舀的面糊不可太多，否则一压就会溢出来。

蛋卷模两
面都用小
火预热。

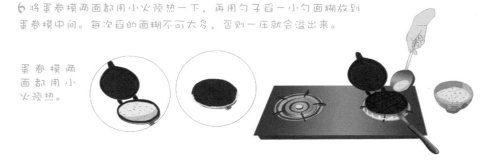

7 盖上蛋卷模盖，
用小火将两面各
加热十几秒。

我的甜品生活

8 冒热烟后打开盖子，当蛋饼呈淡淡的金黄色时即可。

9 用不锈钢棒将蛋饼卷成卷，待蛋卷稍微冷却后即可脱离不锈钢棒，黑芝麻蛋卷就大功告成了。

海绵蛋糕

- 完成时间：45分钟
- 难度星级：★

低筋面粉 200 克　　黄油 50 克　　鸡蛋 6 个　　细砂糖 150 克

制作步骤

1 将鸡蛋打入调理盆中，再加入细砂糖。

2 用电动打发器将鸡蛋打发。

3 分 3~4 次倒入低筋面粉，将面粉和蛋糊拌匀。每次都要在拌匀后继续再加入。

倒入低筋面粉。

4 将黄油隔水融化后倒入调理盆中，并搅拌均匀。

5 待黄油与蛋糕糊充分融合后，将其倒在铺了油纸的烤盘上。

6 端起烤盘，用力在桌子上磕两下，使蛋糕糊中的气泡溢出，和烤盘紧密结合。

呼!呼!!

15~20
分钟

7 放入预热好的烤箱的中层，温度设为180℃，烤15~20分钟即可。

芝麻南瓜饼

● 完成时间：40分钟
● 难度星级：★

色拉油少许　　糯米粉150克　　南瓜300克　　白芝麻适量　　细砂糖适量

制作步骤

1 南瓜去皮去子洗净，切成小块。

2 将切好的南瓜放入锅中，用火蒸熟。

3 将蒸熟的南瓜块压成泥状。

4 凉凉后，分2~3次筛入糯米粉，每次都要拌匀后再继续加入。

5 加入细砂糖，搅拌均匀。

6 取适量南瓜面团揉成球状，再轻轻压扁，并在两面轻轻拍上白芝麻。

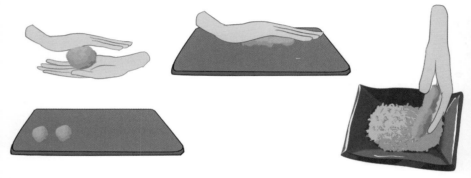

7 将煎锅烧热，刷少许色拉油后放入面饼，再用小火煎至两面呈金黄色即可。

我的甜品生活

上班族的小甜品

抹茶费南雪

- 完成时间: 40分钟
- 难度星级: ★★

低筋面粉 20 克

抹茶粉 1 大勺

蛋白 100 克

杏仁粉 100 克

黄油 100 克

蜂蜜 10 克

细砂糖 80 克

制作步骤

1 将黄油切小块放入锅中，用小火加热融化后，继续加热至黄油呈淡茶色且底部有颗粒状为止。冷却后备用。

2 将蛋白倒入调理盆中，再加入细砂糖、蜂蜜，搅拌均匀至呈黏糊状。

3 筛入低筋面粉、抹茶粉和杏仁粉，搅拌均匀。

4 慢慢倒入黄油，并拌匀至面糊柔滑有光泽为止。

5 将面糊倒入模具中，大约八九分满即可。

6 端起模具，和桌子碰撞几次，使面糊和模具紧密结合，溢出气泡。

呼!呼!!

7 放入预热好的烤箱的中层，温度设为190℃，烤 13~15 分钟即可。

13~15
分钟

椰子塔

● 完成时间：150分钟
● 难度星级：★★★

低筋面粉130克

黄油115克

细砂糖65克

鸡蛋2个

椰浆粉60克

水45毫升

鲜牛奶100毫升

制作步骤 --

1 将50克黄油切小块，置于常温下，软化至用手指能按下印迹即可。

2 将 65 克黄油切小块放于碗中，隔水融化。

3 将鸡蛋打散，加入牛奶、椰浆粉，以及 50 克细砂糖，搅拌均匀。

4 在碗中倒入隔水融化的黄油，搅拌均匀。

5 静置 30 分钟以上，椰子馅即成。

6 将 15 克细砂糖倒入软化的黄油中，用筷子拌匀。

7 将水倒入碗中，再加入过筛后的低筋面粉。

8 将碗中面糊倒出，用手搓成面团后，静置 20 分钟，这样擀起来更容易。

9 将面团分出一小块，擀成薄片。

10 将薄片铺在塔模上，用擀面杖在上面滚一下，以使薄片紧贴塔模。

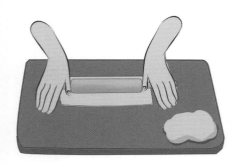
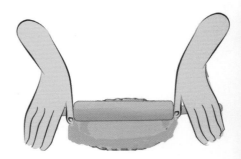

11 沿着塔模外沿，去掉多余的塔皮。

12 用叉子在塔底部叉一些小孔后，静置 20 分钟，以避免在烘培时塔皮回缩。

13 倒入椰子馅，约八分满即可。用同样的方法做出其他椰子塔。

14 放入预热好的烤箱的中上层，温度设为 170℃，烤 25 分钟左右。当椰子塔表面呈焦黄色时即可。若烤过久，椰子馅会开裂，且口感很老。

25 分钟

铜锣烧

- 完成时间：50分钟
- 难度星级：★★

低筋面粉 120 克

细砂糖 50 克

食盐 1.25 克

牛奶 45 毫升

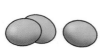

鸡蛋 3 个

泡打粉 1.25 克

红豆沙适量

制作步骤

1 鸡蛋打散，加入细砂糖，用打发器搅打充分。

2 倒入牛奶，搅打均匀。

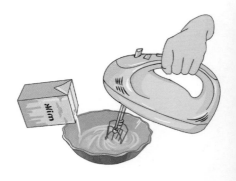

3 将低筋面粉、泡打粉、盐混合过筛后，加入到牛奶鸡蛋糊中，再用橡皮刮刀翻搅均匀，注意不能画圈搅拌。

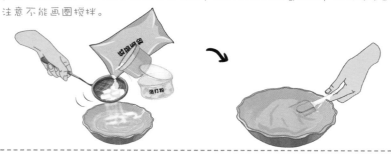

4 拌匀后盖上盖子，静置 15 分钟。

5 将平底锅加热，舀起面糊垂直倒入。勺子保持平稳，面糊会形成一个圆形。

6 待面糊表面起泡泡，并完全凝固后，
翻一面接着煎。

7 当面饼的两面都略呈黄褐色时即可出
锅，依次煎好所有的面饼。

----

8 在两块面饼之间夹上红豆沙即可。

核桃酥

● 完成时间：45 分钟
● 难度星级：★

低筋面粉 120 克

核桃仁 40 克

糖粉 40 克

鸡蛋 1 个

色拉油 40 克

小苏打粉 40 克

制作步骤 ---

1 将核桃仁放入烤箱中，温度设定为 150℃，烤 10 分钟。

10 分钟

2 将核桃仁放入袋中，用擀面杖把烤香的核桃仁压碎。

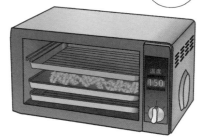

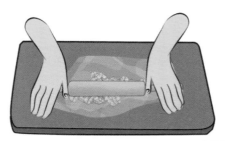

3 将鸡蛋打散，倒入色拉油，用手动打发器搅拌均匀。

4 在碗中加入糖粉，并搅拌均匀。

5 将低筋面粉和小苏打粉混合后，筛入到鸡蛋液混合物中。

6 倒入压碎的核桃仁，用橡皮刮刀混合均匀。

7 取一小块面团，揉搓成球状后，稍压扁。

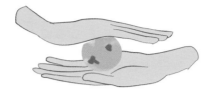 

8 逐一做好所有面团，放在铺了垫纸的烤盘上。

9 放入预热好的烤箱的中层，温度设为 170℃，烤 20 分钟左右即可。

方块葡萄酥

● 完成时间: 45分钟
● 难度星级: ★★

低筋面粉195克

黄油80克

细砂糖70克

奶粉12克

蛋黄3个、蛋黄液少许

葡萄干80克

制作步骤

1 将黄油在室温下软化后,加入细砂糖、奶粉,打发至颜色变淡、体积膨胀。

2 将了个蛋黄搅拌均匀后，分了次倒入黄油中并搅打均匀，每次都要让蛋黄与黄油充分融化后再继续加入。

3 倒入过筛后的低筋面粉，并用手混合均匀。

4 放入葡萄干，并揉搓成均匀的面团。

5 将揉好的面团压扁，擀成厚约1厘米的面片。

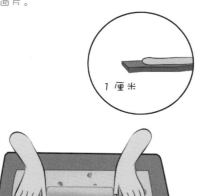

1厘米

6 用刀切去面片周边不规整的部分。

7 将面片切成一个个等大的小长方形。

8 将小面片排好，放入铺了垫纸的烤盘，并在表面刷上一层蛋黄液。

15 分钟

9 放入预热好的烤箱的中层，温度设为 180℃，烤 15 分钟左右即可。

我的甜品生活
便于携带的甜品

蛋白薄脆饼

- 完成时间: 35分钟
- 难度星级: ★

中筋面粉 50 克　　1 个鸡蛋的蛋清　　黄油 50 克　　糖粉 50 克

1 黄油在室温下软化后，放入糖粉，用打发器拌匀。

2 将蛋清分了次加入，每次都要在拌匀后再加入，直至混合物呈细腻的糊状。

3 将中筋面粉筛入黄油糊中，拌匀。

4 将面糊装入中号圆孔裱花袋，在铺了垫纸的烤盘上挤出圆形面糊。注意每个面糊之间要保持一定的距离，否则烤好后饼干会粘在一起。

面糊装入中号圆孔裱花袋。

每个面糊之间保持一定的距离。

5 放入预热好的烤箱的上层，温度设为160℃，烤15分钟左右。

15 分钟

6 在烘烤的过程中，面糊会摊平成圆形的薄片。刚烤出来时，饼干有点软，放置几分钟就会变得脆脆的了。

又薄又脆好滋味！

牛奶方块小饼干

● 完成时间：40分钟
● 难度星级：★★

低筋面粉 145 克

奶粉 15 克

牛奶 40 毫升

黄油 35 克

鸡蛋液 15 克

糖粉 40 克

制作步骤

1 将黄油切成小块放入碗中，然后再置于热水中加热，直到变为液态。

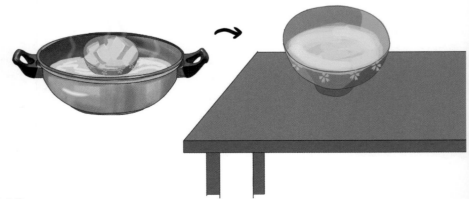

2 倒入打散的鸡蛋液、牛奶，用打发
器拌匀。

3 在碗中加入糖粉、奶粉。

4 将低筋面粉筛入碗中，
并搅拌均匀。

143

5 将碗中的混合物倒出，揉
成一个光滑的面团。

6 用擀面杖将面团擀成厚 0.3 厘米左右
的长方形面片。

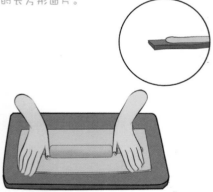

7 用菜刀将长方形面片整齐地切成一个
个小方块。

9 放入预热好的烤箱的中层，温度设为
180℃，烤 12 分钟左右。当饼干表面
略带金黄色时就可以出炉了。

8 将小方块整齐地放在铺了垫纸的烤
盘上。

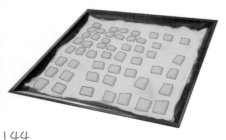

12
分钟

英式燕麦烤饼

● 完成时间：1 小时
● 难度星级：★

黄油 175 克

燕麦片 250 克

红糖 50 克

蜂蜜 140 毫升

制作步骤

1 将黄油隔水融化后，加入蜂蜜和红糖。

2 锅置灶上，用小火加热，边加热边搅拌至充分融合后，熄火。

3 放入燕麦片，搅拌均匀。

4 将燕麦糊倒入矩形模具中。

5 放入预热好的烤箱的中层，温度设为 180℃，烤 30 分钟左右。

6 烤好后，趁热用刀做分块记号。

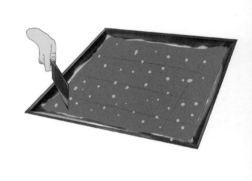

7 待饼完全冷却后，切块即可。

必须待饼完全冷却后再切，否则饼会散开的。

杏仁果酱小饼

- 完成时间：45 分钟
- 难度星级：★

低筋面粉 110 克

杏仁粉 25 克

黄油 90 克

细砂糖 75 克

蛋黄 1 个

香草精 2 滴

泡打粉 1/4 小勺

蓝莓酱适量

1 黄油在室温下软化后，用打发器打成膏状。

2 加入细砂糖，搅打至颜色变淡。

3 将蛋黄搅拌均匀后，倒入调理盆中与黄油混合均匀。

---

4 滴入 2 滴香草精，再筛入低筋面粉、杏仁粉、泡打粉，翻拌均匀。

低筋面粉

杏仁粉

泡打粉

---

5 将面团搓成一个个小球，排入铺了垫纸的烤盘中。

6 用筷子等工具在小面团的中间压一个凹槽，将蓝莓酱用小勺舀入凹槽里。

7 放入预热好的烤箱的中层，温度设为160℃，烤20分钟左右。

8 出炉冷却后，密封保存。

香草曲奇

● 完成时间：35 分钟
● 难度星级：★★

低筋面粉 200 克

鸡蛋 1 个

细砂糖 35 克

糖粉 65 克

黄油 130 克

香草精 1/4 小勺

制作步骤

1 黄油切小块，在室温下软化后，用打发器搅打至顺滑。

2 加入细砂糖、糖粉，细砂糖可增加曲奇的疏松度，糖粉有助于保持曲奇上的花纹。

3 继续打发至黄油糊颜色变淡，且光滑细腻。注意不可打得过于蓬发，否则可能会导致曲奇烘烤后花纹消失。

4 将鸡蛋打入碗中搅拌均匀后，分 3 次加入黄油糊中，每次都要在充分拌匀后再继续加入。搅打完成后，黄油糊应质地蓬松、轻盈。

5 在碗中加入香草精并拌匀。

6 将低筋面粉筛入黄油糊中并搅拌均匀。

7 将面糊装入裱花袋中，选用菊花形裱花嘴，在铺了垫纸的烤盘上挤出花纹。

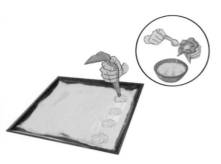

8 放入预热好的烤箱的中层，温度设为190℃，烤10分钟左右。

9 当曲奇的表面呈金黄色时就可以出炉了。

我的甜品生活

经典甜品

提拉米苏

● 完成时间：4 小时 20 分钟
● 难度星级：★★★★

手指饼干适量　朗姆酒 20 克　鲜奶油 125 克　热开水 50 克　细砂糖 50 克

鱼胶片 2 片　即溶咖啡粉 10 克　蛋黄 2 个　可可粉适量　马斯卡彭奶酪 250 克

1 在蛋黄中加入 25 克细砂糖，打发至浓稠的状态。

2 将鱼胶片泡软，隔水融化后放入打好的蛋黄中。（关于鱼胶片的泡法，见基础篇）

打发后的浓稠状态

3 加入马斯卡彭奶酪，搅拌均匀。

4 在鲜奶油中加入 25 克细砂糖，搅打至六分发（奶油膨胀且松发，但依然呈现出浓厚的流质感，把打发器提起来，鲜奶油会慢慢往下流。这个状态接近于湿性发泡，称为"六分发"。）

5 将六分发的鲜奶油倒入奶酪糊中，拌匀。

6 将即溶咖啡粉、朗姆酒、热开水混合均匀，调和成咖啡酒。

7 将手指饼干刷上咖啡酒，在圆形模具底部铺一层。

8 将一半马斯卡彭奶酪糊倒入模具中。

155

9 在马斯卡彭奶酪糊上，再放一层刷了咖啡酒的手指饼干。

10 倒入剩余的马斯卡彭奶酪糊，然后放入冰箱中冷藏约 4 个小时。

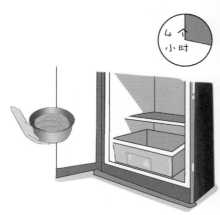

4 个
小时

11 享用前，在表面撒上一层薄薄的可可粉即可。

吃之前再撒可可粉，以免可可粉受潮。

黑森林蛋糕

● 完成时间：2小时40分钟
● 难度星级：★★★

所需材料

低筋面粉70克　鸡蛋5个　色拉油65毫升　牛奶100毫升　糖粉50克　细砂糖100克

鲜奶油360克　黑巧克力150克　樱桃酒少许　可可粉30克　酒渍黑樱桃适量　泡打粉4/5小勺

制作步骤

1 将鸡蛋用分蛋器分离出蛋白和蛋黄，分别装入不同的容器中。

2 分3次将60克细砂糖边搅拌边加入到蛋白中，注意要将蛋白打至干性发泡。将打好的蛋白暂时放进冰箱冷藏。

157

3 在蛋黄中加入40克细砂糖，用手动打发器轻轻打散即可，不要打发。若蛋黄体积变大、颜色变淡，则说明蛋黄被打发。

4 在蛋黄糊中加入牛奶和色拉油，搅拌均匀。

5 筛入低筋面粉、可可粉、泡打粉的混合物，并轻轻翻拌均匀。

6 从冰箱里取出蛋白，将蛋白舀入蛋黄糊中，并搅拌均匀。

经典甜品 |||

7 将蛋糕糊倒入 8 寸的蛋糕模具中，用手端平在桌上用力振动两下，使蛋糕糊中的气泡溢出。

8 放入预热好的烤箱的中下层，温度设为 170℃，烤 45~50 分钟。

9 出炉后，立即将模具倒扣于冷却架上，冷却后脱模。

10 将做好的蛋糕横切两次，把蛋糕分成相等的三片。

11 在 360 克鲜奶油中加入糖粉，用电动打发器打发至六分发的程度。

12 取一片蛋糕，在蛋糕表面刷一层樱桃酒，然后涂上打发好的鲜奶油，再均匀地铺上一层对半切开的酒渍黑樱桃。

13 盖上第二片蛋糕，压实，同样在蛋糕表面刷一层樱桃酒、涂上鲜奶油、铺上对半切开的酒渍黑樱桃。

14 盖上第三片蛋糕，然后将整个蛋糕的外部全部涂上一层鲜奶油，用调色刀抹平。

15 在蛋糕的顶部和侧面都粘上巧克力花（刨巧克力花的方法详见第 22 页）。

16 将碗中剩下的奶油装入裱花袋中，在蛋糕顶部的外围挤一圈奶油花，然后在每朵奶油花上放一颗酒渍黑樱桃即可。

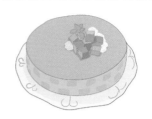

芝士蛋糕

- 完成时间: 4 小时 30 分钟
- 难度星级: ★★★

奶油奶酪 250 克

黄油 40 克

消化饼干 100 克

鱼胶片 2 片

鸡蛋 1 个

细砂糖 80 克

淡奶油 250 克

温水 90 克

新鲜柠檬 1 个

制作步骤

1 将奶油奶酪切成块状, 放入盆中, 在室温下搁 30 分钟, 令其变软。

2 取出消化饼干置于保鲜袋中, 用擀面杖将饼干擀压成粉末状。

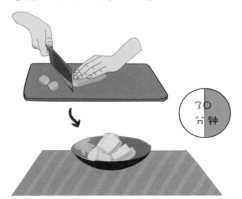

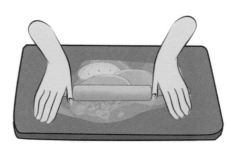

3 把压碎的饼干放入隔水融化的黄油中，充分搅拌为饼干糊。

4 将底部包上保鲜膜的慕斯圈放在托盘上，将搅拌好的饼干糊均匀铺在慕斯圈底部。

5 用套了保鲜袋的杯底将饼干糊压实，然后放入冰箱冷藏。

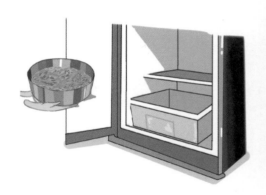

6 在变软的奶油奶酪中加入适量温水，搅拌至糊状。

7 将细砂糖和搅拌好的鸡蛋液倒入糊状的奶油奶酪中，充分搅拌至完全相融。

8 把柠檬切成两半，挤榨出柠檬汁，并过滤掉杂质。

9 将柠檬汁、泡软的鱼胶片加入奶油奶酪中，搅拌均匀。

10 将淡奶油用打发器打发至膏状，注意应始终按同一个方向进行搅拌。

11 将打发的淡奶油倒入奶油奶酪中，拌匀制成蛋糕糊。

12 将蛋糕糊倒入从冰箱中取出的慕斯圈中，振动几下以排出其中的气泡。

13 将表面抹平后, 放入冰箱冷藏 3 小时即可。

3 小时

14 从冰箱取出后, 可在蛋糕表面装饰上水果等。

草莓慕斯

● 完成时间：5 小时 40 分钟
● 难度星级：★★★★

消化饼干 100 克

草莓 550 克

鱼胶片 6 克

黄油 25 克

鲜奶油 250 克

细砂糖 70 克

制作步骤

1 将消化饼干装入保鲜袋，用擀面杖碾碎。

2 将黄油隔水融化后，再将饼干碎倒入黄油中并搅拌均匀。

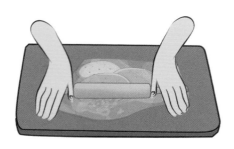

3 取一个玻璃杯，用保鲜袋套上后，用杯底将调理盆中的饼干糊压紧实。

4 在 6 寸圆形慕斯圈底部包上保鲜膜，将调理盆中的黄油消化饼倒入慕斯圈中。

5 取 7~8 颗草莓，对半切开，贴着内壁放好。

6 取 150 克草莓放入搅拌机，打成泥后，倒入锅中。再在锅中放入 25 克细砂糖。

7 将装有草莓泥的锅置于灶上，煮至微沸即可关火。

8 将鱼胶片泡软后，加入草莓泥中并搅拌均匀。

9 将 200 克鲜奶油和 35 克细砂糖的混合物打至六分发。

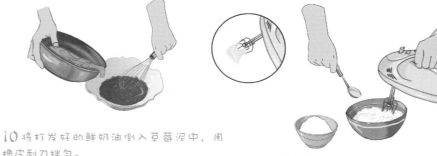

10 将打发好的鲜奶油倒入草莓泥中，用橡皮刮刀拌匀。

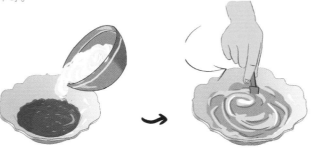

11 取 5 颗草莓切成小丁，加入草莓泥中搅拌均匀，慕斯液就制成了。

12 将拌好的慕斯液倒入装有黄油和消化饼干的慕斯圈中，用调色刀抹平。

13 将蛋糕放入冰箱冷藏 4 小时以上。

14 在 50 克鲜奶油中加入 10 克细砂糖，并打至九分发。

15 将鲜奶油装入裱花袋，用花嘴在从冰箱中取出的慕斯上挤出造型，再摆上一些草莓就做好了。

苹果派

- 完成时间: 4 小时 30 分钟
- 难度星级: ★★★★

低筋面粉 90 克　　高筋面粉 130 克　　黄油 230 克　　朗姆酒 10 毫升　　苹果 3 个

细砂糖 60 克　　盐 4 克　　清水 90 克　　肉桂粉少许　　全蛋液适量

制作步骤

1 将 200 克黄油切小块,在室温下软化后,倒入低筋面粉和高筋面粉。

2 用手将黄油小块捏碎,让黄油都裹上面粉。

3 加入盐，倒入清水，用橡皮刮刀搅拌均匀。

4 将拌匀后的面粉糊倒在擀面板上，用手挤压的方式使面粉糊成团。可使用刮刀使面团聚拢。

5 将按压好的面团用保鲜膜包好，静置1小时。

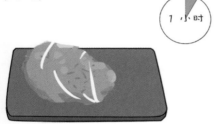

6 在擀面板上撒适量高筋面粉，然后将面团取出，擀成长片状。

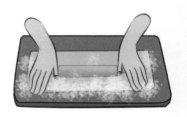

7 如图所示，将面片两端向中间对折。然后用保鲜膜包好，放入冰箱冷藏30分钟。

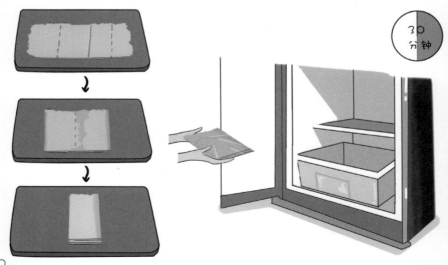

8 从冰箱取出，将材料擀开后按之前的方法再折叠一次。然后用保鲜膜包好，再放入冰箱冷藏 30 分钟。

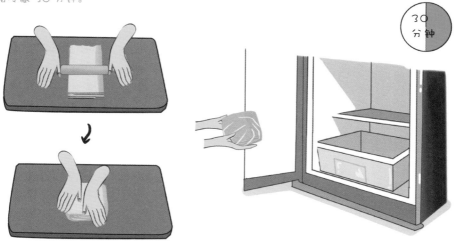

9 将苹果切成小块待用。

10 在锅中放入剩下的 30 克黄油，边加热边搅拌。待黄油完全融化后，倒入苹果块。

11 加入细砂糖，拌匀，同时用大火加热。

12 当苹果渗出水分后，改用小火煮。
当煮至苹果变软时加入肉桂粉、朗姆酒，
搅拌均匀。

13 将苹果倒入碗中，放凉，苹果馅就
做好了。

14 将从冰箱中取出的面团擀成长方形，切成相等的两份。

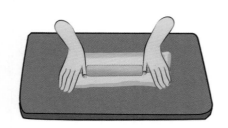
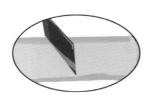

15 将一块面片铺在直径约 18 厘米的派
盘上，用手指按压内侧，并用擀面杖在
上面滚一下，以使面片紧贴派盘。

16 去掉多余的派皮，在派底部用叉子
叉一些小孔。

18 厘米

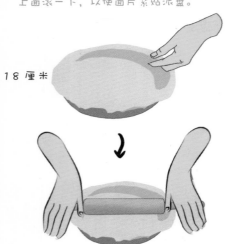

17 将另一半面片切成长约 20 厘米大小一致的小长条。

20 厘米

18 将苹果馅盛在派皮上。

19 在上面以相间的间隔放几个小长条，再按照一上一下的顺序交叉放上相同数目的小长条，然后将剩余的长条做成围边。

20 在苹果派的表面刷上蛋液。

21 放入预热好的烤箱的中层，温度设为 190℃，烤 50~60 分钟。

50~60
分钟

奶油泡芙

● 完成时间：60分钟
● 难度星级：★★★

糖粉 5 克   盐 1 克   低筋面粉 100 克   鲜奶油 50 克

全脂牛奶 120 毫升   黄油 50 克   鸡蛋 2 个

制作步骤

1 在锅中倒入牛奶，放入黄油、盐，用中火加热至黄油完全融化。

2 将火调小，筛入低筋面粉，并不断搅拌均匀，直至其成为面团时关火。

3 将面糊稍微放凉，使其温度降至60~70℃。

4 将2颗鸡蛋打入碗中调散，再将鸡蛋液分2~3次加入面糊中，每次都要拌匀后再加入。

60~70℃

分2~3次加入

6 用小勺舀起面糊放在铺了垫纸的烤盘上，整理出形状。面糊之间注意保持一定距离，以免膨胀后粘在一起。

5 当面糊呈现出细腻、有光泽感，用筷子挑起时呈倒三角形状时说明面糊已拌好。

7 放入预热好的烤箱中层，温度设定为220℃，烤15分钟左右。关火后让泡芙在烤箱中自然冷却，不要打开烤箱门。

15分钟

8 在烘焙泡芙时，打发鲜奶油至稠密、轻盈。

9 将奶油装入裱花袋中。

10 向泡芙中注入奶油。注意不要完全切断，挤入奶油。

×

可以在泡芙底部挤一个洞，向里面挤入奶油。

11 在泡芙表面撒上糖粉即可完成。